牌坊

中国精致建筑100

万幼楠 撰文 万幼楠 王雪林 等 摄影

中国建筑工业出版社

出版说明

中国是一个地大物博、历史悠久的文明古国。自历史的脚步迈入新世纪大门以来，她越来越成为世人瞩目的焦点，正不断向世人绽放她历史上曾具有的魅力和光辉异彩。当代中国的经济腾飞、古代中国的文化瑰宝，都已成了世人热衷研究和深入了解的课题。

作为国家级科技出版单位——中国建筑工业出版社60年来始终以弘扬和传承中华民族优秀的建筑文化，推动和传播中国建筑技术进步与发展，向世界介绍和展示中国从古至今的建设成就为己任，并用行动践行着"弘扬中华文化，增强中华文化国际影响力"的使命。从20世纪80年代开始，中国建筑工业出版社就非常重视与海内外同仁进行建筑文化交流与合作，并策划、组织编撰、出版了一系列反映我中华传统建筑风貌的学术画册和学术著作，并在海内外产生了重大影响。

"中国精致建筑100"是中国建筑工业出版社与台湾锦绣出版事业股份有限公司策划，由中国建筑工业出版社组织国内百余位专家学者和摄影专家不惮繁杂，对遍布全国有历史意义的、有代表性的传统建筑进行认真考察和潜心研究，并按建筑思想、建筑元素、宫殿建筑、礼制建筑、宗教建筑、古城镇、古村落、民居建筑、陵墓建筑、园林建筑、书院与会馆等建筑专题与类别，历经数年系统科学地梳理、编撰而成。本套图书按专题分册，就其历史背景、建筑风格、建筑特征、建筑文化，结合精美图照和线图撰写。全套100册、文约200万字、图照6000余幅。

这套图书内容精练、文字通俗、图文并茂、设计考究，是适合海内外读者轻松阅读、便于携带的专业与文化并蓄的普及性读物。目的是让更多的热爱中华文化的人，更全面地欣赏和认识中国传统建筑特有的丰姿、独特的设计手法、精湛的建造技艺，及其绝妙的细部处理，并为世界建筑界记录下可资回味的建筑文化遗产，为海内外读者打开一扇建筑知识和艺术的大门。

这套图书将以中、英文两种文版推出，可供广大中外古建筑之研究者、爱好者、旅游者阅读和珍藏。

目录

牌坊

图0-1 安徽黟县西递村"荆藩首相"坊（张振光 摄）
当牌坊作为一种纪念性传统礼教建筑时，常建于人们易于看见或经过的地方。如街口村头，桥端祠前。这时它的主要功能是：标榜功德、颂扬节烈、褒奖忠勇、表彰孝义。明代安徽黟县西递村"荆藩首相"坊，体现了以上功能。

牌坊，是中国人最喜闻乐见的一种建筑物，如今它已成为代表中华的鲜明标志，像海外许多国人聚居的中国城，其入口处，都要设一座华丽的牌坊作为标志。在古代，牌坊也多设于人们容易看到的地方，如街口村头、桥端或建筑物前。但以它的功能来说，主要是表彰和褒奖，如道德坊和功名坊。另一类是属于标志性的，常建于大型建筑组群的前端或引道中，其功用是：导向、分隔、陪衬、象征和丰富视线，如标志坊和陵墓坊。

牌坊是封建礼教的产物，是宣扬封建道德观的载体，用它来树立供世人学习的道德楷模，即所谓的"旌表"。《书经·周书毕命》载："旌别淑慝、表厥宅里、彰善瘅恶、树之风声。"吕氏注曰："荣辱不止于一时，而流芳遗臭将传百世而未泯。所谓风声也，人存政举、人亡政息，唯风声所传可以鼓动千百年之远，虽事迹陈而兴起如新，此旌别之本心也。"以牌坊这一形式来表彰优秀者，使之传之永远，借以稳定社会秩序，维护其统治。作为一种政治手段，此举实际上存在于任何一个王朝和国度，唯方式方法不同而已。

旌表之制，起源甚古。据《史记·周本纪》载：周武王曾命毕公"表商容之闾"。此后历代统治者，都很重视利用它的宣传作用。自汉以来"榜其闾里"、"树厥门里"，所谓士有"嘉德懿行、特旨旌表。

图0-2 北京颐和园内琉璃牌坊（张振光 摄）
当牌坊作为一种标志性、装饰性建筑物时，常建于大型建筑物组群的前端或引道中。如寺观坛庙、宫苑衙署、陵墓会馆等建筑中，这时它的主要功能是：导向、分隔、陪衬，象征和丰富视线。

榜于门上者，谓之表闾"。以此表彰功臣贤士的制度便一直相传。至明清时，应用范围进一步扩大，并成为一种定制而达于顶峰。这时不仅对牌坊旌表者有严格的等级制度限定，而且对牌坊建造规模的大小也有规定。甚至对建牌坊的最终审批权，都是由皇帝亲自掌握。据《古今图书集成·考工典》载："（明）洪武二十一年（1388年），廷试进士赐任亨泰等及第出身，有差上命有司建状元坊，以旌之。圣旨建坊自此始。"现今我们所见的许多功德牌坊，其正中顶楼下，大多有块字牌，上书"圣旨"、"御制"、"诰赠"、"敕命"等，都说明是经皇帝批准的。俗称为"圣旨牌"或"龙凤牌"（因字周边为龙凤图案），牌坊遂成皇帝笼络臣僚百姓的一种最高荣誉和奖赏。

图0-3 江西石城县小松亭式坊圣旨牌（万幼楠 摄）/上图

牌坊当心间的顶楼下，大多有块字牌，上书"圣旨"或"御制"、"诰赠"、"敕命"、"诰命"等字，俗称"圣旨牌"或"龙凤牌"。表示是皇帝赐准的。牌坊也因此成为一种最高精神奖励和荣耀。

图0-4 安徽歙县棠樾牌坊群之"节劲三冬"坊全景（王雪林 摄）/下图

立牌坊，是件光宗耀祖、流芳千古的事。因此，百姓十分看重它，乡亲宗族也视此为昭示家族美德或伟绩的象征。歙县棠樾牌坊群之"节劲三冬"贞节坊。坊主吴氏系继室，29岁丧夫，抚养前妻幼子成人，守节逾六旬而终。

图0-5 山东单县"百寿"坊全景（王雪林 摄）
山东省单县古城，自明清以来便有"牌坊城"之称。据载城内原有34座牌坊，现尚存十余座，几乎每条街都有牌坊。城内"百寿"坊，因坊上浮雕有一百个不同字体的"寿"字故名。

　　由于立牌坊是件光宗耀祖、流芳千古的事，代表着一种无与伦比的荣耀，因此，百姓们自然十分看重它，常以能获得皇帝降旨在家乡建牌坊为无上光荣。乡亲宗族也视此为昭示家族美德或丰功伟绩的象征，并将此载入族谱。历史上有多少忠臣良将以生命为代价换来一座令世人羡慕的牌坊。又有多少贞女节妇牺牲其终生幸福，只为挣得一座贞节坊。有的地方，如山东单县（有"牌坊城"之誉）和安徽徽州（有"牌坊之乡"美称），甚至把牌坊作为家族之间攀比的工具。如单县"百寿"坊一位妇女"守节三十年"赢得的节孝坊，在梁枋上浮雕出一百个不同字体的"寿"字，为的是与当地另一座"百狮"坊相抗衡。又如徽州（今安徽歙县）著名的棠樾鲍氏牌坊群，是自明代始至清嘉庆，经十几代人的努力，才挣得的。原来在鲍家宗祠前已获得了两座"忠"字坊、两座"孝"字坊和两座"节"字坊，独缺"义"字坊。为了完善这一封建道德体系，时为两淮盐运使司的鲍漱芳父子，便"义"不容辞地挑起了这副重担。他们不惜散尽家财，赈济贫困、兴建水利、修桥筑路、创办学校等，终于获得皇上恩准，特赐"乐善好施"、"义"字坊。鲍家人将之树立在原已建成的六座牌坊的中间。于是形成了无论从哪一头看都是"忠孝节义"顺次的牌坊群。此不可不谓之奇。

一、

绰楔如屏　巍然耸立

牌坊

绰楔如屏 巍然耸立

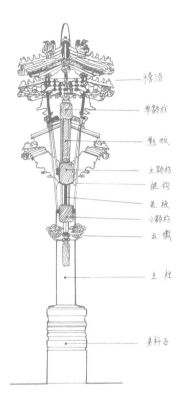

檐顶

单额枋

题板

大额枋

挺钩

花板

小额枋

云墩

主柱

夹杆石

a 剖面

　　牌坊，又习称牌楼。其实若从构造上说，二者是有明显区别的。牌坊是由立柱和额枋构成的，而牌楼则在额枋上还覆盖有一个檐顶。牌坊用出顶的冲天柱（华表柱），牌楼则可用可不用。但民间无此区分，统称为牌坊或牌楼。牌坊因所用建筑材料的不同，又有木牌坊、石牌坊、琉璃牌坊和砖牌坊之分，其细部构造也因此略有不同。此外，从平面上看，牌坊还有"一"字坊（常见式）、"八"字坊和"口"字坊之分。但无论牌坊有多少形式变化，其基本结构却都是一样的，即主要是由立柱、额枋、檐顶（牌楼才有）这三部分构成。

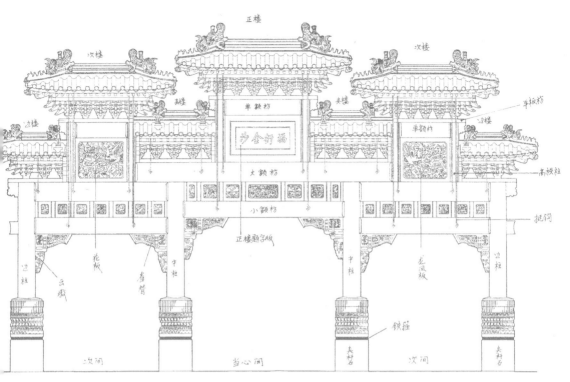

正楼

次楼   次楼

夹楼   夹楼

边楼   小楼

单额枋

福衍金沙

单额枋

单额枋

单额枋

高拱柱

边柱

大额枋

小额枋

挂钩

正楼题字板

边柱   花板   中柱   龙凤板   中柱   边柱

云墩   雀替   铁锔

夹杆石   夹杆石

次间   当心间   次间

b 立面

图1-1a,b 北京雍和宫"福衍金沙"坊剖面和立面图
从牌记的立面和平面形式看，虽有较多变化，但其
基本构造却都差不多，即主要由立柱、额枋、檐顶
这三大部分构成。（据马炳坚《木牌楼构造初探》
重绘）

图1-2 北京颐和园东宫门外木牌坊全景（王雪林 摄）/前页

屏然耸立的牌坊，为了避免头重脚轻，柱根一般都设有一宽
大的基座，柱根前后还扶靠有高大的抱鼓石或石狮造型。若
为木牌坊则多用竖牢的夹杆石和斜置的戗柱来固定它。

牌坊

绰楔如屏 巍然耸立

筑境 中国精致建筑100

立柱，是牌坊起支承作用的构件。牌坊
上各大横向构件，均穿搭在立柱上。由于牌坊
是种无依无靠、巍然屏立的单体建筑，为了使
之能经受住长年的风雨搏击，不倾不圮，因
此，立柱不仅要有牢固深埋的基础，而且为了
避免头重脚轻（尤其是牌楼），其露明部分还
有些辅助构件。如在柱根部一般都设有宽大的
石墩，柱根的前后扶靠高大的抱鼓石或石狮造
型。木牌坊则多用巨大的夹杆石来固定它。而
一些体形高大的牌楼，为增大立柱的强度，防
止大风折断，还在立柱内侧附立一小柱：在
木牌坊者，称"榡柱"；在石牌坊者，称"梓
框"。其中木牌坊因都有个硕大的屋顶，为了
增强其稳定性，一般每根立柱前后均立有一根
斜撑戗柱。如北京颐和园东宫门外的四柱七楼
木牌坊。戗柱的使用不美观、经济，故今所见
的许多木牌坊多于维护时换用水泥柱，将戗柱
换下。此外，立柱又是划分牌坊规模大小的标
准。两柱为一间，中间的称"当心间"（或
"明间"），两侧的依次为"次间"、"梢

图1-3 江苏镇江金山寺山门牌坊细部（万劲楠 摄）/上图

牌坊的额枋，是反映牌坊意义的最重要的结构部分。牌坊所要表达的纪念性或标志性、装饰性目的，都是从这部分构造中得到体现。

图1-4 北京明十三陵石牌坊檐顶细部（王雪林 摄）/下图

牌坊，又称牌楼。但严格地说，二者是有区别的。牌楼是仿木构楼阁有屋顶的，牌坊则无屋顶。同时屋顶的数量和形式，还体现出它的规格和等级差别。北京明十三陵十一楼牌坊，这是皇帝才能享用的级别。

间"。柱成偶数，间成奇数增减。如两柱一间坊（最小的），四柱三间坊、六柱五间坊（最大的）。还可依立柱出头与否将牌坊分为两大类：即冲天式（出头的）和非冲天式（即屋宇式）。因此，牌坊柱无论在结构上还是在类型区别上，都有很重要的意义。

额枋，是反映牌坊意义的最重要的结构部分。牌坊作为一种纪念性建筑物，它的庄重性和装饰性都要从这部分的构造得到体现。牌坊的构造，如同古代殿宇建筑的一个正立面，只不过将两柱间的门窗摘去，留下雀替以上的构造而已。因此，它也主要是由大、小额枋、平板枋、垫板等构件组成。其中当心间的额枋，多作为"题字版"。如上额枋题"贞节"二大字，下额枋用小字镌"旌表某某"，以及注文、落款等。若内容多便增刻写到次间额枋上。但造牌坊者有经济实力和权势大小的不同，所以牌坊也有繁简优劣之分。简单的不过两柱两枋，但更多的是较复杂的多重额枋、多重题版的多间牌坊。

檐顶，牌楼才有。这是构造和装饰最麻烦的部分，尤其是木牌楼。它主要是由斗栱挑枋、圣旨牌和屋顶等构件组成。其中斗栱是最具装饰味和最复杂的构件。为了达到其装饰华丽的目的，有的牌楼在这部分做成仿楼阁式的檐顶。如福建漳州的"楚滇伟绩"石坊，不仅雕饰有斗栱，而且还细刻有挂落、吊柱、楼台、栏杆等。檐顶也是体现牌楼规格等级的部位。如屋顶形式是高级的四面坡顶（庑殿

牌坊

绰楔如屏　巍然耸立

筑境　中国精致建筑100

图1-5 江西于都岭背大屋步蟾坊（万幼楠 摄）
檐顶是牌坊构造和装饰最复杂的部位，尤其是
木牌坊。明代江西于都岭背大屋步蟾坊，系纯
木结构。它与众不同之处是，正楼用重檐，即
三间四楼。而一般常见的是：三间三楼或三间
五楼。

顶），还是低级的两面坡顶（悬山顶），以及所用斗栱出挑的多寡，檐顶的多少等，都反映出牌坊的一定等级和规模。最小的牌楼是"两柱单间单楼"，等级最高的是"六柱五间十一楼"。如明十三陵石牌坊，这是只有皇帝才能享用的级别。而一般常见的则大多是"四柱三间三楼"或"四柱三间五楼"。

牌坊

绰楔如屏 巍然耸立

筑境 中国精致建筑100

二、空灵通透　隔而不断

图2-1 山东蓬莱"戚继光
父子总督"坊细部
（程里尧 摄）
牌坊不厌其烦地进行装饰，
主要是想营造出一种艺术效
果，以达到将艺术与教化融
为一体，使人们在接受艺术
享受的同时，也接受牌坊所
包含的全部意义的目的。山
东蓬莱"戚继光父子总督"
坊细部雕刻，极为精致。

图2-2 广东佛山祖庙牌坊
（万幼楠 摄）/对面页
牌坊常用于整个建筑物组
群的中轴线前端，作为
"序曲"建筑，或像乐曲
中的"过门"一般，在建
筑群里，充当由此院落
过渡到彼院落的分隔性建
筑。图为明代广东佛山祖
庙内灵应牌坊。

牌坊的装饰性，决定了牌坊在建筑表现上
的工艺性质。其装饰手法主要表现在"雕"、
"画"、"砌"三个字上。雕，是雕刻、雕
塑。这在各类材质的牌坊中均有突出反映，特
别是石牌坊；画，是指传统的彩画，主要反映
在木牌坊中；砌，指垒砌，主要体现在砖牌坊
和琉璃牌坊上。牌坊的装饰内容十分丰富，如
人物故事、历史传说、花卉植物、鸟兽动物、
山水自然、房屋器具等，几乎应有尽有。且绝
大部分都雕或画得非常精美，是继承和保存我
国古典雕画工艺的主要品类之一。牌坊的装
饰特点，最为习见的是，喜欢采用带象征性或
寓意性的花纹图案来反映牌坊主人的身份和荣
誉，或表达对他的祝福和愿望。常见的有龙
凤、狮子、蝙蝠、鹿、鹤、鱼、莲花、芙蓉、
牡丹、喜鹊、瓶、松、竹、梅、兰，如意等具
谐音或隐喻性的动植物图案。如山东单县"百
寿"坊上的八块栏版石上各雕有四幅花鸟图：
牡丹蝴蝶、芙蓉牡丹、梅花喜鹊、竹梅绶带、

图2-3 北京雍和宫前三座牌坊的全景（程里尧 摄）
北京雍和宫大门前的三座色彩瑰丽的木牌坊，它不仅使人刚来到建筑群前，就获得艺术处理上的一个高潮效果的感觉，而且，也将整个建筑群烘托得更加华丽，并使人产生欲往内探看个究竟的愿望。

春燕桃花、绣球锦鸡、水仙海棠、秋葵玉兰。以谐音隐喻的手法，分别象征：富贵无敌、荣华富贵、喜上眉梢、齐眉到老、长春比翼、锦绣前程、金玉满堂、玉堂生魁。

牌坊不厌其烦地进行装饰，主要是想营造出一种艺术效果，以给人留下深刻的印象。从而达到将艺术与教化融为一体，使人们在接受艺术享受的同时，也接受牌坊所包含的全部意义的目的。

牌坊是一种门洞式单体建筑。从建筑学角度看，任何建筑都是空间和环境的创造。牌坊作为建筑自然也不例外，只是它所创造的空间艺术不像一般建筑那样，是由顶盖和四面墙壁围合成的空间，而是划分和限定空间，起到隔而不断的作用。它所体现的空间属性，则是由其纪念性、装饰性和可通过性特征，创造出一种标志性和引导性的环境艺术。牌坊所具有

a

b

图2-4　山东曲阜孔庙"金声玉振"、"棂星门"等四座牌坊
（程里尧 摄）

一道孤立的牌坊，既能起划定空间的作用，又能起制造艺术
氛围的作用。山东曲阜孔庙，起头便是"金声玉振"、"棂
星门"等一连串四道石牌坊，从而培植起人们对朝拜"圣
人"的崇敬之情。

的这些属性，自然就很容易被用于大型建筑群的布局中。牌坊常常用于一个建筑组群的中轴线最前端，作为"序曲"建筑，或布置在建筑群中间，作为两个院落空间之分隔建筑，犹如音乐中的"过门"一般，从而，起到"欲扬先抑"或强调、提示的作用。使人不仅在一来到建筑群前就获得一个重要的标志印象，而且也能将整个建筑群的空间点缀得更加华丽和层次分明。

如北京雍和宫，在大门前的北、东、西三面用了三座色彩瑰丽的木牌坊，因此，人们刚来到大门口，便为其庄重、华贵的建筑气氛所吸引，并产生进入一探究竟的欲望。而华山的西岳庙，在建筑的中轴线上共有七座牌坊。这些牌坊巍然耸立，不仅是一个个院落空间的划分，而且也营造出一种庄重气势和令人肃然起敬的艺术气氛。同时，牌坊细部上刻写的花纹图案，横幅竖联等，也会令人产生遐想。如"天威咫尺"、"尊严峻极"会令人联想到山岳和威力无比的苍天，从而产生一种崇高感。又如北京明十三陵立于原野中的那座雄伟的石牌坊，既控制了广阔的空间，又制造出威严肃穆的气氛。曲阜孔庙前的"金声玉振"等一连串四重石牌坊，在院落中古柏苍松的衬托下，益显其庄严静谧。人们经过一道道门坊和重重院落来到主体建筑大成殿时，一种对"圣人"的崇敬之情便油然而生。

立于街衢或村口的功德牌坊，虽然其主要目的是让更多的人顶礼先贤、引为楷模，但其

图2-5 北京天坛圜丘石坊（张振光 摄）
牌坊是圜丘的显要建筑。它在内外两重四个方
位上，共用了24座石牌坊。从而营造出这座祭
天建筑的神圣崇高气氛。

在城市美学的意义上亦不容忽视。已故建筑家刘敦桢先生曾指出，牌坊能起到"令人睹绰楔飞檐之美、忘市街平直呆板之弊"的作用。位于村口上的牌坊，则往往成为村民们公共的活动场所，"父老兄弟出作入息、咸会于斯"。其本身所蕴含的信息和人文景观，又为村落创造了一个具有团聚意义的基地，并成为全体村民的共同回忆。

牌坊　空灵通透　隔而不断

筑境　中国精致建筑100

三、追源说华表

筑境　中国精致建筑100

图3-1　华表
华表它常以成对的形式立于
宫门、桥头和陵墓前。假若
在两柱间横架上额枋，其实
就是现在所常见的那种冲天
柱式牌坊。

**图3-2　北京天安门前的华
表**（王雪林 摄）/对面页
华表，汉代称桓或桓木、桓
表。其起源甚古，相传尧舜
时期立于宫门前，供民众题
刻意见用的"诽谤木"，便
是其前身。始为木质，后演
为石质。

牌坊的起源大约有三种说法：即华表、阙
门、衡门，不过它们都与入口这个概念有关。
这三种建筑物均见诸汉代。其中华表、衡门一
直延续使用下来。

华表，汉代称桓或桓木、桓表。《汉
书·尹赏传》载有："便与出瘗寺门桓东。"
注曰："旧亭传于角百步，筑土四方；上有
屋，屋上有柱出高丈余，有大板贯柱四出，名
曰桓表，悬所治夹路两边各一桓。师古曰：即
华表也。"今天我们所见的华表主要为石质，
成对地立于宫门、桥头和陵墓前的两侧。据有
关文献载，华表起源甚早，相传始自尧舜时
期。早期的华表是木质的，主要位于官署、驿

站、路口和桥头两边，作为一种识途的标志，使人远远望见它便知路程或知道到了什么地方，约具现代路标的意义。自东汉始，华表又开始作为坟冢的标志物，位于墓前，称"墓表"或"神道石柱"，用石材制作。从华表的结构看，它双柱对立，柱上横贯木板（即云板）。假若在两柱间横架上额枋，其实就是我们现在所常见的那种冲天柱式牌坊。如北京天坛圜丘的四柱石牌坊。

阙门，也称阙、门阙。是古代一种位于通道两旁的望楼式单体建筑。《释名》曰："阙，在门两旁，中央阙然为道也。门阙，天子号令赏罚所由出也。"其起源大概始于一些有防备需要的聚落建筑或军事基地的出入口，因出入人马太多，不便于安门扇，但又有防卫安全的必要。于是，便在两侧修建了这类似警

图3-3 四川汉画像砖上的门阙

阙，也称门阙或阙门，本是古代一种位于通道两旁的望楼式单体建筑。汉唐时不仅广泛用于大型宅院建筑前，且成为宫殿、陵墓前的标志和装饰建筑。图为四川汉画像砖上的门阙形象。

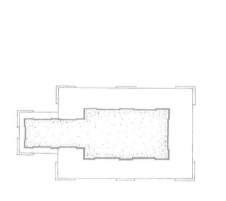

楼、碉楼一样的单体建筑，以便于守御人员警
戒、查询、登临瞭望。若遇外敌来犯，只要守
住"阙口"，敌人就不可能长驱直入。故成语
有"抱残守阙"，意为坚守到底。

　　阙，在汉晋时，非常盛行，成为一个时
代特征性的建筑。不仅广泛用于大型宅院建筑
前，且成为宫殿、陵墓前的重要标志和装饰建
筑。以致"汉魏宫阙"、"秦宫汉阙"等词，
成为当时宫殿政府的象征。现在遗留下的汉代
最多和最具代表性的建筑，便是石阙。从有关
实物及石刻和画像砖资料看，阙主要有两种形
式。一种是有门之阙，即两阙间安有门扇的
阙。如成都汉画像砖中，有块带子阙有门枋的
阙，形状类似一座四柱三间五楼的牌坊。另一

图3-5 吉林永吉北蓝屯衡门
衡门，是牌坊诸多来源中最切要者。其构造即左右两根立柱，上头有一根或两根横梁，再在立柱侧安门扇。今东北农村仍常见这种简单的门。图为吉林永吉县北蓝屯某农家衡门。

种便是无门之阙，现存的汉阙都属此类，如河南太室祠石阙、四川高颐墓石阙等。这种阙如果在两阙间架构一个檐顶，便宛若一座三楼式石坊了。阙又有单阙和子母阙（高低两层或三层）之分。子母阙造型很美，装饰味十足，对后世石牌坊的构造有一定影响。阙自隋唐后就逐渐废退不用，元明以后则有人不知阙为何许物了。幸北京故宫的午门前，尚保留有阙左门、阙右门的名称，令人还可想起午门原是汉魏门阙制度的残余。

衡门，是牌坊诸多来源中最切要者。它原是汉代一种门的名称。据《汉书·玄成传》载："使得自安于衡门之下。"颜师古注曰："衡门，横一木于门上，贫者之居也。"所谓衡门，即左右两根立柱，上头有一或两根横梁，在立柱侧再安门扇。这是种很原始的做法，今在东北农村，仍常见到这种简单的门。然而，如果将这种简单的衡门加高加大，或再加上个檐顶，其实就是牌坊的雏形了。但这在当时叫"乌头门"。

四、溯源述阀阅

筑境　中国精致建筑100

图4-1 乌头门
阀阅，俗称"乌头门"。据宋《册府元龟》载："正门阀阅一丈二尺，二柱相去一丈，柱端安瓦筒，黑染，号'乌头染'。"图为宋《营造法式》中所绘乌头门。

图4-2 北京成贤街牌坊
（张振光 摄）/对面页
乌头门，是古代上层阶级所使用的一种高贵门式。它后来成为世族权贵们，用来标榜门第和等级的牌坊或牌坊门形式。北京国子监成贤街牌坊，其冲天柱仍保留宋乌头门柱端套云罐的模式。

阀阅，俗称乌头门。宋《营造法式》载："其名有三，一曰乌头大门、二曰表揭、三曰阀阅，今呼为棂星门。"其构造据宋《册府元龟》载："正门阀阅一丈二尺，二柱相去一丈，柱端安瓦筒，墨染，号乌头染。"即在两根一丈多高的木柱（华表柱）上套上个互罐（或称云罐，状如毗庐帽），并将柱端涂上黑漆，以防雨防腐。以此看来，阀阅其实是由华表和板门组合成的一种高大衡门，这自非一般"贫者之居"的衡门可比拟。因此，汉唐以降，都是有身份的人才能有资格做此大门。故唐、宋正史中均有"六品以上仍用乌头门"的记载。也因此，阀阅遂成为古代上层阶级的代名词。如所谓"门阀贵族"、"阀阅世家"等，这实际上就起了标榜"名门权贵、世代官

图4-3 山东曲阜孔庙棂星门
（程里尧 摄）
阅阗这种大门，自宋以后，若用于祭祀、庙宇建筑前，多称为"棂星门"。棂星一般安有门扇，若将门扇摘去，其实就是一般常见的牌坊。

宫"之家的作用。在此意义上，它后来发展成位于衙署、王府门前的牌坊，以及宗祠、会馆等建筑的牌坊门式样。阅阗这种大门，宋代始逐渐改称为"棂星门"。

棂星门的来历，据史书载：棂星便是"灵星"即今"天田星"。汉高祖规定，祭天要先祭灵星。宋仁宗时营建用于祭天地的"郊台"，设置"灵星门"，为区别"灵星"，而写作棂星门。后孔庙、寺观前的大门也称棂星门，这是用祭天的隆礼来尊崇孔子和神佛的意思。从现在遗留下的一些有门扇的棂星门看，其形制与古文献中绘制的乌头门差不多。而其实我们现在将无论有门扇、还是无门扇的棂星门，同视为牌坊。因此，就其构造来说，乌头门就是棂星门，棂星门就是牌坊。换句话说，若乌头门用于寺庙前起崇敬的作用，便称棂星门。若用于其他地方起旌表作用的，便称牌坊。

图4-4 安徽歙县郑村"贞白里坊"全景（王雪林 摄）
牌坊是由汉唐时的里坊门演化而来的。因官府悬牌于
里坊门上，以旌表里坊中居民的"嘉德懿行"故名。
图为元代安徽歙县郑村的"贞白里"石坊，是古代里
坊制度残留下的不可多得的里坊门。

那么，牌坊之称又是如何演变来的呢？这关键在"坊"字上。坊，是唐代城市居民区的名称。以前称"里"。如唐长安城有108个坊，这些坊呈长方形，四周围以高墙。大坊内开十字街，将一坊划分为四个区，每区内又有一个十字巷，唐代文献中称"曲"。坊墙中央辟门，此门便是"坊门"。因坊有大有小，因此，一个坊有二至八座坊门。坊门便是那种阀阅乌头大门。此门跨街而立，供一坊人出入，非此等大门莫属，且可能要用到三门四柱来。门额上书某某坊之名，如安兴坊、太平坊、长兴坊等。每座坊内实行邻保制，四家为一邻，五邻为一保，保有保长，负责管理保内诸项事务。邻保之内各户有相互告发、相互救助和交纳赋税的责任。各坊每天按时启闭坊门，即日暮街鼓击八百下，坊门关闭，于是出现"六街鼓绝行人绝、九衢茫茫空有月"的夜景。凌晨五更，鼓声自宫中响起，各街也跟着响起，坊门便可打开。这便是汉唐以来对人们实行的

图4-5 山东曲阜阙里坊
（王雪林 摄）
山东曲阜城内的阙里坊，为四柱三间三楼木牌坊，跨街而立，额书"阙里"二字，约建于元代。相传春秋时，孔子曾居于此。始建石阙，后改为牌坊。具有标志孔子故里和里坊门的性质。

"里坊制度"。目的是为了强化治安，维护其统治。故坊实即"防"的意思。《说文》段注曰："防之俗作坊。"因此，唐统治者将这种封闭式的居民区命名为"坊"。

坊内居民，除了应遵守里坊制度和应负的义务外。若居民在伦理道德，或科举方面有什么值得表彰的地方，官府也张榜于其坊门上，即在坊门或门柱上悬牌表彰。这在古代叫"表闾"，也就是后来牌坊的"旌表"职能。牌坊，大概便是由此而生。大约自五代始，城中的街坊开始出现"民侵街衢为舍"的现象；商业活动也不到指定的"市"内进行。至宋代，便迫使官府对一些商业发达的城市做出让步：允许市民临街开设店铺。此禁一开，四壁坊墙便纷纷拆除，往往只剩下坊门孤单单立于街口。从而使这些坊门及其旌表功能保留下来，演为牌坊，并成为一种独立的纪念性、标志性和装饰性建筑。以北京城来说，因它自辽金一直到明清都是京城，城市布局和管理基本沿袭唐制，分坊而治。据载：清乾隆年间，曾整修内城栅栏，即坊门一千二百二十五座。清末以后，由于拓路通车等市政建设，大部分栅栏都拆掉了，但它的一些名称却保留下来。如前门的"大栅栏"，说明此处旧有一座大坊门，即大牌坊；还有"东单"、"西单"，是在东、西长安街口各有一座牌坊；"东四"、"西四"，是在十字路口各有一座牌坊，共四座。

综上所述，根据牌坊的演变情况，大致可理出这么个关系：牌坊所具有的旌表、纪念、装饰和引导动能，主要脱胎于类似华表和门阙功能的影响；从华表和衡门的形制，导致乌头门的产生；乌头门形制上的略微变化，又形成坊门和棂星门；由坊门和棂星门而演化成牌坊。牌坊的高级形式是牌楼。建于街道、村镇中的牌坊，是受坊的影响；建于衙署、王府门前的牌坊，是受门阙和乌头门的影响；建于寺庙、园林里的牌坊，是受棂星门的影响；建于陵墓前的石牌坊，是受汉唐坟冢家前墓阙的影响；而以牌坊式样作为宗祠、会馆和宅第大门看，则大概是受具有标榜性质的乌头门的影响。

五、功名坊

a

b

图5-1　辽宁北镇李成梁石坊全景（鲍继峰　摄）

功名坊，即功成名就之坊。主要用来旌表过去在科
举、政绩、军功方面取得突出成就的人才。明代李
成梁累官至辽宁东总兵官兼太子太保宁远伯，可谓
功名显赫。故由朝廷下令为之建牌坊。

築境　中国精致建筑100

功名坊，即功成名就之坊。主要用来旌表过去在科举、政绩、军功方面取得突出成就的人才。

科举方面，据清代《太仓州志》载："按牌坊盖表阙里居遗意，国制凡贡生、举人、进士，官授牌坊银。则是岁贡以上，皆得建坊，不必功德巍巍也。"即凡贡入国子监读书及其以上的国家人才（按明清贡生，包括岁贡、恩贡、拔贡、优贡、例贡、副贡，意为已非属于本府、州、县学的生员，而是贡献给皇帝的生员了），都可按规定由官方出资建功名坊。如"进士坊"、"及第坊"之类。政绩方面：政治上卓有成效、在地方有好名声、受到上司或皇帝嘉奖的，以及辅佐朝廷建功立业、官声显著者，均可申奏皇帝批准建功名坊。这类如安徽歙县的许国牌坊、山东桓台的"四世宫保"坊，牌坊主人均官至尚书、太子太保等要职。军功方面：戍边守疆尽职、抵御外敌入侵或平叛镇反战功赫赫的，以及在征战中斩将搴旗、克敌制胜、屡立奇功者，也可具状陈请皇上建功名坊。这类如辽宁北镇的李成梁石坊、山东蓬莱的戚继光父子总督坊，他们都在保卫边疆、抵御外来侵略上建立了丰功伟绩。

功名坊，都是些事业成功、手握大权的权贵所建，他们为了使其赫赫功名流芳千古。因此，此类牌坊大多是用上等材料制成，而且一般都雄伟高大、制作精工、雕饰华贵。它们也

筑境
中国精致建筑100

图5-2　安徽歙县城内"三元坊"全景（程里尧 摄）
按清代定制，凡贡生、举人、进士以上，都可由官方出资建功名牌坊，如进士坊、及第坊、状元坊之属。明代安徽歙县三元坊，坊北面题版书：探花、榜眼、传胪；南面书：会元、状元、解元等。

是各类牌坊中（除皇家牌坊外）整体工艺水准和品位最高的。如上文提及的许国牌坊、戚继光牌坊等，都是牌坊中之极品，具有很高的艺术价值。

功名坊是封建政府给予的最高精神奖励，代表着至高无上的皇帝的恩宠。对具有传统名利思想的古人来说，金榜题名、功成名就、荣归故里，无疑是具有强大诱惑力的。而对那些

图5-3 山东蓬莱市"戚继光父子总督坊"（程里尧 摄）
功名坊，这类牌坊大多雄伟高大，制作精工、雕饰华贵，
整体工艺水准和品位档次都很高。

图5-4　山东桓台县"四世宫保"坊全景（程里尧 摄）
功名坊是封建政府给予的最高精神奖励，代表着至高
无上的皇帝的恩宠。"四世宫保"坊，为明万历时兵
都尚书王象乾所建。他官至太子太保。因此，追及其
曾祖、祖父和父亲也封太子太保兵部尚书。故名"四
世宫保"。

a

b

图5-5 辽宁兴城祖氏石坊全景（鲍继峰 摄）

令人肃然起敬的功名坊中，也有一例让人敬肃不
起来的，即为辽宁兴城县祖氏坊。本为明崇祯帝
表彰其兄弟俩抗击清兵有功而建的坊。不想牌坊
建成后不久，二人却在战场上投降了清军。

位极人臣、炙手可热、物质生活无所需缺的高官达贵来说，争取皇上准允在家乡造一座歌功颂德的牌坊，便成了他们毕生最大的精神安慰。因为"人存政举，人亡政息"，只有屏然肃立的牌坊，可以"传百世而未泯"。因此，这类牌坊数量很多，几乎遍及全国各地。值得一提的是，令人肃然起敬的功名牌坊中，也有一例让人敬肃不起来的牌坊。今位于辽宁兴城县城内的祖氏石坊，原为南北一对。南为明前锋总兵前锋祖大寿石牌坊（1969年拆毁），北为明援剿总兵祖大乐石牌坊。两座石坊，本是明末崇祯皇帝为表彰祖氏兄弟抗击清兵有功而建的。想不到牌坊建成后不久的松山之战时，兄弟二人都投降了清政府。此坊遂成为历史笑柄。

六、道德坊

图6-1 江西宁都肖田"节孝"坊立面及剖面图

道德坊，是古代社会用以表彰在道德行为规范
方面，表现为典范人物的牌坊。如忠贞不渝、
情操高尚、刚正不阿、宁死不屈、敬老爱幼、
扶贫济弱、乐善好施等行为。（据张嗣介先生
原图重绘）

牌　道
　　
坊　德

坊　坊

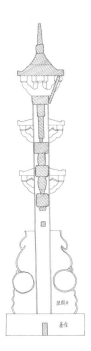

道德坊，即古代用来表彰在道德行为规范方面，表现为典范人物的牌坊。如情操高尚、忠贞不渝、刚正不阿、宁死不屈、敬老爱幼、扶贫济弱、乐善好施等方面，表现特别出众，成为令人敬佩、交口称赞的人，均可上书申请建道德坊。道德坊是封建礼教的产物，是封建意识形态的具体反映，也是维护封建社会统治的精神需要。因此，这种牌坊是各类牌坊中数量最多、分布最广的，其中又以节孝牌坊最为多见。如今山东单县县城的15座牌坊中节孝坊占绝大多数。安徽省古徽州，区区六县，竟有千余座牌坊，而节孝坊又为其荦荦大者。其中最具代表性的，当然首推安徽歙县棠樾的"忠孝节义"牌坊群。

图6-2 江西石城小松亭式坊（万幼楠 摄）
图为清代江西石城小松乡亭式"节孝"坊。此坊为与路亭结合形式。路亭南北两面，用条石雕成四柱三间三楼牌坊式样，枋额上镌刻："节孝"二字，下枋勒书题记。

道德坊的起源，可以追溯到先秦时期的旌表制度。如商周时的商容，他本是商纣王的乐官。他知礼容，以忠直被黜。商周牧野之战后，他与百姓一道欢迎周军入城，武王便命人旌其门闾，以示表彰。汉唐以来，关于旌表某某人的"嘉德懿行"的记载，就越来越多见了。如《宋史·孝义传》中载有这么件事：说江陵有个以教书为业的孝子，名庞天佑。他父亲得了怪病，他便割自己的股肉为父治好病。其父后来又双目失明，他又用舌头每日舐之得治，使之活八十余岁而终。父亡，他"夜号不绝声"，并在坟前结草庐居住守孝。知府陈尧咨知道此事后，便亲往坟上致奠，并将其事上报。于是宋皇便下诏"旌表门闾"。然后知府又亲自主持在庞天佑所居的里门右边，"筑阙

图6-3a,b　安徽歙县朱家巷"豸绣重光"坊（王雪林 摄）
该坊为明代安徽歙县"豸绣重光"坊，两面分题"豸绣重光"和"龙章再锡"四个大字。是为旌表山西道监察御史江应晓和江秉谦刚直不阿，具疏力谏，终被奸臣诬陷致死而建的牌坊。a.为正面；b.为背面。

a

b

表之"。到明清时，道德坊由于统治阶级的重视和倡导，其数量就多如牛毛，事例不胜枚举。几乎每个古老的居民聚落点，都能看到或听到有关这方面牌坊内容的遗存或传闻。

现存最早的一座道德坊，可能是歙县郑村的"贞白里"坊。该坊建于元代，为双柱单间三楼式石牌坊。坊额上篆刻"贞白里"三个大字，下方用小字注曰："元统进士奉政大夫命浙江东海右道肃政廉访司事余阙书"。这座牌坊是为表彰郑千龄一家三代乡贤而树的。据地方志书载：郑千龄，郑村人氏，曾任延陵巡检，祁门县尉、淳安和休宁尹。此公操守廉洁，一身正气，所至均愉民惠政，深得士民爱戴。他死后因官太小，朝廷不能加封谥号，故民间私颂之为"贞白先生"，并立坊于其居里作为标榜，"以导民风"。"贞白里"坊，建于元代，具有唐宋时"里坊制度"的坊门性质，是里坊门演化为牌坊的宝贵资料。同时，也是我国现存最早的牌坊之一。

七、标志坊

标志坊，主要是起标志地点、引导行人、分隔空间作用的牌坊。它主要用于寺观、祠庙和大型园林建筑中。如宗教坛庙建筑的大门口或内部空间，院落的过渡，大型湖山名胜建筑中的入口或内部景区空间的划分等，均可见到这种标志坊。因此，这类牌坊较注重装饰性，而较少凝重肃穆感。如北京地区风景名胜点较多，这类牌坊也特别多。其特点就是装饰华丽。如木牌坊大多是采用黄色的琉璃瓦檐顶，青绿色为主的彩绘额枋，红色的立柱，使整个牌坊装扮得华贵艳丽，金碧辉煌。石牌坊则一般采用名贵的汉白玉精雕细刻而成，精致细腻、工艺观赏性很强。此外还有色彩斑斓的琉璃牌坊，如颐和园和北海公园内均有。其他地区的这类牌坊，给人感觉也往往是，或雄伟壮丽，或轻巧秀丽，或雕画美丽。

标志坊是由棂星门演变而来。著名的标志坊如山东泰山的岱宗坊。该坊建于明隆庆年间（1567—1572年），为四柱三间三楼式石牌坊。是标志东路登泰山的起点；湖北的武当山，是众所周知的道教圣地。它有一条漫长的建筑线，三十三个建筑群，总计殿宇两万余间。而其入口就是一座"治世玄岳"标志坊。该坊建于明嘉靖三十一年（1552年），为四柱三间五楼石坊，通高达20米，是牌坊中之巨人。相传入此坊后即为"神道"，标志着"朝山"开始。

又如北京成贤街牌坊，这是种标志特定区域的牌坊。它立于街道东西两端的入口处，两

图7-1 山东泰安岱庙"岱宗坊"全景（程里尧 摄）
标志坊，主要是起标志地点、引导行人、分隔空间
作用的牌坊。它主要用于寺观、祠庙及大型湖山园
林建筑中。明代山东泰安"岱宗坊"，是标志山东
路登泰山的起点。

图7-2 北京北海公园琉璃牌坊（张振光 摄）/后页
北京北海公园琉璃牌坊为四柱三间七楼形式，表面
用印花琉璃砖贴面。整个牌坊装饰富丽斑斓。其色
彩搭配为黄色琉璃瓦、绿色釉面砖贴身，汉白玉基
座，是为数不多的琉璃牌坊中的精品之作。

牌　标
　　志
坊　坊

⊕ 築境　中国精致建筑100

图7-3 杭州西湖湖心亭石坊（万幼楠 摄）
标志坊较注重装饰性，而较少凝重肃穆感。杭州西湖湖心亭石牌坊，位于西湖湖心小岛的岸边，远远便能望见这座轻盈得像似浮在西湖上的"湖心亭"坊。是登岛的主要标志之一。

坊形状完全一样。因北京国子监和孔庙均位于此街，今也称"国子监街"，是北京元、明、清三代的文化区。据载仅明天顺六年（1462年），在国子监读书的中外学生就达一万三千余人。三朝共得进士头衔的学生四万八千人。这些人或毕业于国子监，或考中进士后便在孔庙的题名牌上镌刻大名，以流芳千古，故谓之"成贤"。成贤街牌坊，为两柱单间带跨楼、冲天柱式的木牌坊，其构造别致、形式独特，是我国众多牌坊中罕见的形式。同时，也是古老的北京城如今仅幸存的两座街道牌坊了。

立面   剖面

图7-4 北京成贤街牌坊立面及剖面图
成贤街，因明清两朝国子监和孔庙位于此街而
得名，出入此地是"成才"的标志。该坊原系
带戗柱的纯木结构，民国时期将双柱改为水泥
柱成现在的模样。

牌 | 标
坊 | 志
　 | 坊
坊 | 坊

图7-5　北京中山公园南门内"保卫和平"坊
（张振光 摄）

该坊原为清政府屈服于德国无理要求，为被义
和团打死的驻华公使而建的。第二次世界大
战，德军战败后，此坊相继改为"公理战胜"
和"保卫和平"坊，并迁到现址。

八、门式坊

筑境 中国精致建筑100

门式坊，主要是起装饰、象征作用的牌坊门，但也有一些兼有功名坊或道德坊、标志坊性质，故具有复合功能。如安徽歙县岩寺的"进士第"门坊。此坊既是主人郑佐的宅第大门，同时也是郑佐中进士的功名坊。又如河南内乡县旧县衙的宣化坊。内乡县衙是我国现存唯一、保存完整的旧衙署建筑，被誉为"绝无仅有的历史标本"。该坊位于县衙前，既是衙署出入的大门，也是官衙的标志。旧知县常在此宣讲圣谕、教化百姓，故名"宣化坊"。它与其他牌坊最大的区别是：确确实实是座供人出入、可以隔断交通的大门。其主要功能仍体现在"门"上，仅外形上借用牌坊这种装饰或象征效果而已。因此，门式坊基本上都有可以

图8-1 安徽歙县岩寺镇"进士第"门坊（王雪林 摄）
门式坊，是一种起装饰、象征作用的牌坊门。它多兼有功名坊，或道德坊、标志坊性质。此坊既是主人郑佐的宅第大门，同时也是郑佐中进士的功名坊。

a

b

图8-2 江西宁都洛口邱氏家庙牌坊门（万幼楠 摄）

门式坊广见于南方民间建筑的宗祠、民居、会馆、庙宇
等大门中。清代江西宁都洛口邱氏家庙的牌坊门平面是
"八"字形，作八柱七间七楼形式，实开三门。

牌坊　门式坊

⊙筑境　中国精致建筑100

a

b

开启的门扇，规模较一般牌坊要小些。这类牌坊起源于汉魏时期的"有门之阙"，及魏晋时贵族的"阀阅大门"。今广见于民间建筑中的宗祠、民居、会馆、庙宇大门。

门式坊，俗称牌坊门。它在构造上，因主要是作为屋宇门面出现，也就有里外之分。因此，装饰、题字等都在朝外的正面，内面没有，也没有必要装饰。这类牌坊大多用砖砌成，少数用木、用石，也往往是局部的。它又可分为有柱式和无柱式两大类。有柱式是在门墙上凸砌出立柱、额枋、檐楼等仿木构件。无柱式则仅在门头上砌出个带小砖斗栱、吊柱之类的檐顶，檐顶下再砌出额枋和题字框，不砌柱，或砌柱不落地。牌坊门小者为四柱三间开一门，大者则四柱三间

图8-5 苏州报恩寺"北塔胜迹"坊（万幼楠 摄）
图为苏州报恩寺入口的"北塔胜迹"牌坊门。门坊为四柱三间木石结构。檐顶为屋宇造型，飞檐翘角。正楼用重檐叠起，颇具江南建筑风韵。

或六柱五间开三门。前者如宅第大门，后者如宗祠、会馆大门。

　　如山东聊城的山陕会馆大门，便是一座六柱五间五楼式砖木结构的牌坊门。明楼为歇山顶式大屋顶，檐下用斗栱深出檐，并做成垂花门式样。再下为砖砌额枋，额枋上横书"山陕会馆"四字。明间和次间均辟门，梢间则为砖砌硬心墙，下为砖雕须弥座形式。立柱皆用砖砌出，中柱柱根竖一对抱鼓石。其他著名的门式坊还有四川广汉武庙的牌坊门、湖南洞口县杨氏宗祠牌坊门等。

九、陵墓坊

陵墓坊，是用于坟墓之前、表示纪念、标识作用的牌坊。这类牌坊主要见于明清帝王的陵墓中。因系陵园建筑，又因都是帝王一类的身份，因此，这类牌坊多为石构，用料高级，构造精工，且规模一般较雄伟壮丽，以示庄重、尊严。

陵墓坊，起源于秦汉以前的石阙和华表。今山东曲阜阙里街，有座牌坊名"阙里坊"、现坊始建于元代，为四柱三间三楼木牌坊。据有关史书载，春秋时孔子曾居住在这里，孔子殁后，鲁哀公尊之为素王，并在其居所里门外建双阙以示纪念和标志，后演成今牌坊。到汉代时，在坟墓前修建石阙，已是很流行的做法，至今尚存许多实物。如四川雅安的高颐墓石阙、渠县冯焕墓石阙等。其构造是：两阙对称，中为空道，即神道。阙由基座、阙身和楼顶三部构成。阙身立于宽大的基座上，大多有题刻，表面刻立柱和一些动植物纹图案。楼

牌坊 ｜ 陵墓坊

陵墓坊

筑境 中国精致建筑100

图9-1 北京明十三陵石牌坊全景（张振光 摄）
陵墓坊，是用于坟墓前、表示纪念、标识作用的牌坊。这类牌坊多为石质，主要见于明清帝王的陵墓中。北京明十三陵石牌坊为汉白玉砌成，六柱五间十一楼，面阔28.86米，规格及工艺档次均为牌坊之最。

图9-2 河南新乡凤凰山潞简王陵牌坊（张振光 摄）

陵墓坊，起源于汉唐时位于墓前的墓阙和墓表柱。
明代河南新乡凤凰山潞简王陵牌坊满雕"双龙戏
珠"图案，别无杂纹，主题纹样突出醒目，为牌坊
中罕见。

图9-3 山东曲阜孔林"万古长春"坊（王雪林 摄）
/后页

明代山东曲阜孔林"万古长春"牌坊，俗称"五门牌
坊"。孔林，系孔子及其后裔的墓地。该坊为六柱五
间五楼式石坊，其规格与工艺可与帝陵牌坊媲美。

牌　陵
坊　墓
　　坊

牌
坊

图9-4 河北易县清西陵慕陵牌坊透视图／上图

河北易县清西陵慕陵即清道光帝墓。道光素以"节俭"著称，其牌坊只用四柱三间，而不似其他帝陵皆用六柱五间，陵墓规模也较小，没有大牌楼，石像生等建筑。（图片来源：万幼楠、葛振纲的《桥·牌坊》）

图9-5 河北易县清西陵慕陵牌坊（张振光 摄）／下图

a

b

图9-6 南京中山陵石牌坊（万幼楠 摄）

南京中山陵石牌坊位于整个陵寝建筑的起点，大致如明清陵墓建筑的布局，为冲天柱式四柱三间三楼式石牌坊。用汉白玉构造，上覆蓝琉璃瓦。

筑境
中国精致建筑100

顶是整个阙的主要装饰部位。檐下多雕刻有斗栱、梁枋等仿木构件，以及人物、神话故事和车马、建筑等图样。因此，其基本构造和主要装饰点同今陵墓坊差不多，只要在两阙间的神道上架起一个屋顶便如同一座三楼式石牌坊了。魏晋以后，在坟冢前修建石阙的做法虽渐少见，但自东汉起，华表开始出现在坟墓前，时称"墓表"或"神道石柱"。至南北朝时便十分流行，今南京地区的南朝陵墓前，尚存此物。这对明清时陵墓前所用的那种冲天柱（即华表柱）式石牌坊不无影响。

说陵墓坊，自然首推位于北京明十三陵前的那座石牌坊。该坊建于明嘉靖十九年（1540年），为六柱五间十一楼汉白玉牌坊，通高14米，面阔28.86米。庑殿式顶，檐下刻四层斗栱，明间用六朵，次间和梢间各五朵。额枋、花板、雀替上均浮雕或隐刻有仿木构建筑的彩画纹饰图案。立柱两内侧各附梓框、云墩。夹杆石四面突雕云龙和狮子，顶上圆雕卧伏的麒麟。这座牌坊晶莹光洁、雄伟壮丽，纹饰柔美飘逸，所雕动物神态逼真。其规模等级和工艺品质均属牌坊之冠，堪称中国牌坊的精品和极品。也是这类牌坊的代表作，以后清东陵、清西陵的总门入口标志，均仿此形制建造了类似等级规模的石牌坊。

十、许国牌坊

图10-1a,b 安徽歙县许国
牌坊透视图

明代安徽歙县许国牌坊立
于城中十字路口，平面呈
"口"字形，四面八柱，
系由东西向两座三间三楼
和南北向两座单间三楼坊
围合而成。是牌坊中罕见
的构造形式。

位于安徽歙县城内的一个十字街口。建于明万历十二年（1584年）。牌坊平面呈"口"字形，四面八柱，故俗称"八脚牌坊"。南北面阔11.54米，东西进深6.77米，通高11.4米。系由东西向两座三间三楼坊和南北向两座单间三楼坊围合而成。牌坊用质地坚硬的青石构成，悬山式顶，斗栱出檐。四面檐下正中均镶嵌一方双龙盘边的"恩荣"龙凤牌。四面下层额枋题版上分别刻"大学士"三个大字，下注小字："少保兼太子太保礼部尚书武英殿大学士许国"东西两面上

a

层额枋题版上分别刻"上台元老"和"先学后臣"四个大字，两边刻地方官员的姓名、职衔以及手款。这些字据考证均出自著名书画家董其昌之手。清代吴梅颠有词曰："八脚牌楼学士坊，题额字爱董其昌。"

牌坊四面内外额枋上遍饰雕刻图案，并均采用象征手法，耐人品味。如东面刻"鱼跃龙门"，象征许国是先学后臣，科班出身；南面刻"蛟龙腾飞"，象征皇上面南而王，许国忠于明王朝；西面刻"吉凤祥麟"，象征许国是太平盛世的功臣；北面刻"瑞鹤翔云"，象征天下长治久安，许国品格高洁。坊内额枋上，分别刻有"腾龙舞鹰"，以"舞鹰"谐音"武英"；三只豹仰对一只喜鹊，寓意"三报喜"，象征许国从入东阁进文渊和武英殿的三次升迁；双豹对双鹤，寓"双报喜"，其中一只立于另一只背上，意为"喜上加喜"象征许国晋少保又授封武英殿大学士；一只喜鹊立于梅枝上，象征"喜上眉梢"；其他尚有麟戏彩球、凤穿牡丹、松鹿、鹌（安）居等，象征着吉祥高寿、富贵长乐。八根立柱上平雕出云纹、团花和锦地，间缀以姿态各异的翔鹤。中间四柱的柱根基座上分别整雕一只守门蹲狮；四角边柱的两面则分别整雕俯狮，八柱共雕出十二只狮子或戏球或抱子形真意切。基座两侧也刻有"狮豸"、"玉兔嬉月"等图纹。整个牌坊用料宏大坚实、气势雄伟。八根立柱为冲天柱式，分成7.5米和4米两段接成，50厘米见方。额枋部分均用整料制成，有的重达4吨多。该坊是我国牌坊中杰出的精品代表之一。

a

b

图10-2 许国牌坊题刻细部（陆开蒂 摄）

许国牌坊题刻，相传所刻"大学士""上台元老""先学后臣"等题词，均出自明代著名书画家董其昌之手。清代吴梅题诗曰："八脚牌楼学士坊，题额字爱董其昌。"

图10-3 许国牌坊西面枋额"吉凤祥麟"细部
（王雪林 摄）/上图
许国牌坊西面均在额枋上遍饰带象征意义的雕刻图案。如东面刻"鱼跃龙门"，象征许国是先学后臣，科班出身。西面所刻的"吉凤祥麟"图，象征许国是太平盛世的功臣。

图10-4 许国牌坊内面额枋上"三豹对喜鹊"细部
（王雪林摄）/下图
国牌坊在内面额枋上，也遍饰谐音寓意性的雕刻图案。"三豹对喜鹊"即为三只豹仰对一只喜鹊，寓意"三报喜"，象征许国从入东阁到进文渊殿和武英殿的三次升迁。

图10-5a~d 许国牌坊柱根的石狮子细部（王雪林 摄）/对面页
许国牌坊中间四柱各雕一头守门蹲狮，四角边柱的两面外侧各雕两头俯狮，计八柱十二头狮子，它们或戏球，或抱子，形真意切，惟妙惟肖。

a

b

c

d

许国，字维桢（1527—1596年）安徽歙县人。明嘉靖四十四年进士，历仕嘉靖、隆庆、万历三朝。万历十二年以决策云南"平夷"有功，晋太子太保、武英殿大学士。此后不久获准回乡荣建此坊，以示功德。相传（据许振轩的《徽州牌坊述略》）许国获准回家乡建牌坊后，考虑徽州牌坊甚多，若建四脚坊，雕工再好也不会凸显，于是想造个八脚坊，可是建八脚坊若无皇上恩准是要杀头的，所以，他故意拖沓不回乡建坊，一日皇帝问他为何造坊拖如此长时间，并说："不用说四脚牌坊，就是八脚牌坊也造出来了。"许国当即俯身拜道："谢主隆恩，臣此就回去造八脚牌坊。"皇帝金口既开，一言九鼎，也就破例默许了。

图10-6 许国牌坊正面全景
（王雪林 摄）
许国牌坊用料宏大坚实，气势雄伟。八根立柱分成7.5米和4米两段接成，50厘米见方，额梁部分均用整料制成，有的重达四吨多。是我国牌坊中的杰出精品代表之一。

十一、棠樾牌坊群

筑境
中国精致建筑100

安徽歙县棠樾村牌坊群位于村头的一条弧形大道上，是鲍氏世代子孙于明清两代积攒下的。共有七座牌坊，其中明代三座、清代四座，皆为四柱三间三楼式石坊。其构造风格除前面两座明代牌坊为屋宇式（柱不出头）的，略有不同外，余五座都是冲天柱式三额枋两题版形式。若按其性质分，计有两座"忠"字坊，两座"孝"字坊，两座"节"字坊，一座"义"字坊。

牌坊群自西往东看（从村里往外走），第一座为"孝行"坊，即"忠"字坊。建于明嘉靖初（约1522—1532年），通高8.86米、面阔9.54米。明间檐楼下竖一"圣旨"牌，题版上书"旌表孝行赠兵部右侍郎鲍灿"，次间额枋间透雕"一斗三升"斗栱。额枋上浮雕狮子滚绣球等图案。此坊旌表鲍灿的忠君爱国。第二座为"慈孝里"坊，即"孝"字坊。建于明永乐末（约1420—1424年）。通高9.6米，

图11-1　安徽歙县棠樾牌坊由西往东全景（王雪林 摄）
安徽歙县棠樾牌坊群位于鲍氏宗祠前村口大道上。共有七座。其中明代三座，清代四座。按"忠、孝、节、义、节、孝、忠"顺序排列，皆为四柱三间三楼的石牌坊。

图11-2 "慈孝里"坊全景（王雪林 摄）

"慈孝里"坊，建于明永乐末年，是牌坊群中年代最早的一座。该坊旌表宋代末年鲍宗岩父子面对乱军的屠刀，相争杀己、留下对方的那种父慈子孝的真情，最后感动了乱军首领，并释放了他们父子的故事。

◎ 筑境 中国精致建筑100

图11-3 "立节完孤"坊题字细部特写（陆开蒂 摄）
"立节完孤"坊，即"节"字坊。该坊上额题版上分别刻"立节完孤"和"矢贞全孝"，是座典型的"节孝"牌坊。据县志载，鲍文龄妻汪氏25岁丧夫守节，孝顺公婆，抚养孤儿。

图11-4 "乐善好施"坊全景（陆开蒂 摄）/对面页
"乐善好施"坊是棠樾这组成体系的牌坊群中最关键的一座。相传当时因鲍漱芳父子同行义举，曾请皇上赐两个义字坊，以成两组忠孝节义。但皇上认为父子不能分家，共立一坊好，故成今日七坊排列格局。

面阔8.57米。明间上层题版中竖刻"御制"二字，两边题版镌小字注文。下层题版横刻"慈孝里"三个大字，两端及次间题版刻建坊人和重修人的姓名、职衔和手款等小字注文。此坊旌表的是一则"子孝父慈"的故事：元代时乱军因闻鲍家"慈孝"，便闯到其家扬言要杀他父子中的一个，于是，父子俩相互争着要杀自己，留下对方。第三座为"立节完孤"坊，即"节"字坊。建于清乾隆四十一年（1776年），通高11米、面阔8.75米。明间檐下竖"敕建"龙凤牌。上额题版刻"立节完孤"（背刻"矢贞全孝"）四个大字。下镌"旌表故民鲍文龄妻汪氏节孝"。此坊旌表汪氏25岁丧夫守节、孝顺公婆、抚养孤儿的事。第四座为"乐善好施"坊，即"义"字坊。建于清嘉庆二十五年（1820年），通高11.7米，面阔11.82米。檐下竖"圣旨"牌，上额题版刻"乐善好施"四个大字，下层题版镌刻"旌表诰授通奉大夫议叙盐运使司鲍漱芳同子即用员

外郎鲍均"。两次间题版上镌立坊人的姓名、职衔和年款。此坊旌表的是鲍漱芳父子不遗余力从事慈善公益事业的事迹。第五座为"节劲三冬"坊，即"节"字坊，建于乾隆三十二年（1767年）。通高11.9米、面阔9.36米。檐下竖"圣旨"牌，上额题版刻"节劲三冬"四个大字。下层和次间题版上镌旌表对象和立坊人的姓名、职衔和时间等注文。此坊表彰吴氏29岁丧夫，守节抚孤的事。第六座为"天鉴精诚"坊，即"孝"字坊。建于嘉庆二年（1797年），通高11.7米，面阔9.8米。檐下亦为"圣旨"龙凤牌，上额题版刻"天鉴精诚"四个大字，下层和次间题版也是镌刻小字注文。此坊旌表的是鲍逢昌14岁外出寻父和割己肉疗母病得治的孝子故事。第七座为"命涣丝纶"坊，即"忠"字坊。建于明天启二年（1622年）。明间檐下竖"恩荣"龙凤牌，上额题刻"命涣丝纶"（背刻"官联台斗"）四个大字，下层和次间题版注文不明。此坊表彰鲍象贤仕官忠君事。

从以上牌坊的安置看，它们不是按建坊时间先后顺序排列，而是按牌坊所表达的意义穿插树立。即按"忠""孝""节""义""节""孝""忠"的次序去排列，使人无论从进村方向、还是从出村方向看，都是"忠孝节义"的顺序。从其年代的跨度看，这是一个精心策谋的、历两朝十几代人共同完成的、以牌坊形式来系统反映封建道德观念的巨大人文景观。其次，这些牌坊都没有繁杂精美的花纹图案装饰，但特别强调牌坊上的文字内容和装饰。其实七座牌坊连串在一起，已足蔚成壮丽奇观，使你置身于这个牌坊世界中，为其广阔丰富的文化内涵所感动。

图11-5 "天鉴精诚"坊全景（王雪林 摄）

"天鉴精诚"坊为"孝"字坊。该坊旌表的是孝子鲍逢昌。据县志载：清顺治年间，鲍逢昌14岁外出寻找父亲，未几。母亲又患病。鲍逢昌便割下自己身上的肉疗治母病。故牌坊一面题刻"天鉴精诚"，一面题刻"人饮真孝"。

图11-6 自东往西拍牌坊群全景（王雪林 摄）/后页棠樾牌坊群，是鲍家精心策谋了数百年，历明清两朝十几代人共同完成的巨大人文景观。并成为举世独此仅有，如此以完整体系的形式，来反映封建道德观念的牌坊群。

牌坊

棠樾牌坊群

牌坊

筑境 中国精致建筑100

名坊一览表

名称	地点	朝代	类型	说明
"贞白里"坊	安徽歙县	元代	道德坊	最早的石坊之一，具有里坊门性质
阙里坊	山东曲阜	元代	标志坊	最早的木牌坊之一，其前身为双阙
棠樾牌坊群	安徽歙县	明代	道德坊	唯一反映道德体系的牌坊群
步蟾坊	江西于都	明代	功名坊	正楼重檐式木牌坊
十三陵牌坊	北京昌平	明代	陵墓坊	规模最大、等级最高的石牌坊
"治世玄岳"坊	湖北武当山	明代	标志坊	以高大雄伟著称
李成梁石坊	辽宁北镇	明代	功名坊	有较高的历史和艺术价值
许国牌坊	安徽歙县	明代	功名坊	"口"字形平面，牌坊中之精品
岳飞岳坊	河南汤阴	明代	标志坊	"八"字形平面的木牌坊
"荆藩首相"坊	安徽黟县	明代	功名坊	雕刻精美、品位上乘
"进士第"门坊	安徽歙县	明代	门式坊	兼有功名坊与门式坊的功能
"四世官保"坊	山东桓台	明代	功名坊	著名兵部尚书王象乾的牌坊
潞简王坊	河南新乡	明代	陵墓坊	万历皇帝之胞弟牌坊，风格独异
赵氏三牌坊	甘肃正宁	明代	功名坊	西北地区的著名牌坊
岱宗坊	山东泰安	明代	标志坊	登泰山的标志。用戗柱的石牌坊
"万古长春"坊	山东曲阜	明代	陵墓坊	孔子及其后裔陵区的总门牌坊
戚家牌坊	山东蓬莱	明代	功名坊	抗倭名将戚继光父子之坊
"楚滇伟绩"坊	福建漳州	清代	功名坊	镂雕精美的楼阁式石坊
孔庙棂星门	山东曲阜	清代	标志坊	棂星门式牌坊的典型代表之一
雍和宫牌坊	北京东城	清代	标志坊	装饰华贵、色彩艳丽
"节动天褒"坊	山东安丘	清代	道德坊	精品牌坊之一
"龙母祖庙"坊	广东德庆	清代	标志坊	具有岭南风格的牌坊
余家牌坊	湖南澧县	清代	道德坊	"八"字形平面的石牌坊（罕见）
北海琉璃坊	北京北海	清代	标志坊	传世不多的琉璃牌坊中的精品之一
杨氏宗祠坊	湖南洞口	清代	门式坊	宗祠门式坊的典型代表之一
墓陵牌坊	河北易县	清代	陵墓坊	唯一用四柱三间三楼的帝陵牌坊
"山陕会馆"坊	山东聊城	清代	门式坊	砖木结构的山门式牌坊门
亭式坊	江西石城	清代	道德坊	具有路亭、牌坊门和节孝坊三重功能
"保卫和平"坊	北京中山公园	清末	标志坊	清末因一起国际纠纷而建
中山陵坊	江苏南京	民国	陵墓坊	最晚的一座陵墓坊
"费城华埠"坊	美国费城	1984年	标志坊	天津与费城华埠发展委员会合建

图书在版编目（CIP）数据

牌坊/万幼楠撰文/万幼楠等摄影.—北京：中国建筑工业出版社，2013.10

（中国精致建筑100）

ISBN 978-7-112-15830-0

Ⅰ.①牌… Ⅱ.①万… ②万… Ⅲ.①牌坊–建筑艺术–中国–图集 Ⅳ.① TU–092.2

中国版本图书馆CIP数据核字（2013）第213388号

◎中国建筑工业出版社

责任编辑：董苏华 张惠珍 孙立波

技术编辑：李建云 赵子宽

图片编辑：张振光

美术编辑：赵 清 康 羽

书籍设计：瀚清堂·赵 清 周伟伟 康 羽

责任校对：张慧丽 陈晶晶 关 健

图文统筹：廖晓明 孙 梅 骆毓华

责任印制：郭希增 臧红心

材料统筹：方承艺

中国精致建筑100

牌坊

万幼楠 撰文/万幼楠 王雪林等 摄影

中国建筑工业出版社出版、发行（北京西郊百万庄）

各地新华书店、建筑书店经销

南京瀚清堂设计有限公司制版

北京顺诚彩色印刷有限公司印刷

开本：889×710毫米 1/32 印张：3 插页：1 字数：125千字

2015年11月第一版 2015年11月第一次印刷

定价：**48.00**元

ISBN 978-7-112-15830-0

（24325）